Restauração

Artes&Ofícios
1

Restauração
Eugène Emmanuel Viollet-le-Duc

Apresentação e Tradução
Beatriz Mugayar Kühl

Revisão
Renata Maria Parreira Cordeiro

Ateliê Editorial

Copyright © 2000 Beatriz Mugayar Kühl

Direitos reservados e protegidos pela Lei 9.610 de 19.02.98.
É proibida a reprodução total ou parcial sem autorização,
por escrito, da editora.

1ª edição, 2000 / 2ª edição, 2002 / 3ª edição, 2007 / 4ª edição, 2013 /
1ª reimpressão, 2014 / 2ª reimpressão, 2017 / 3ª reimpressão, 2019

Edição de acordo com a nova ortografia.

Dados Internacionais de Catalogação na Publicação (CIP)
(Câmara Brasileira do Livro, SP, Brasil)

Viollet-le-Duc, Eugène Emmanuel, 1814-1879.
   Restauração / Eugène Emmanuel Viollet-le-Duc;
apresentação e tradução Beatriz Mugayar Kühl;
revisão Renata Maria Parreira Cordeiro. –
4. ed. – Cotia, SP: Ateliê Editorial, 2019. –
(Coleção Artes & Ofícios)

   Título original: Dictionnaire raisonné de
l'architecture française du XIe au XVIe siècle.
   Bibliografia.
   ISBN 978-85-7480-632-7

   1. Arquitetura – Conservação e restauração
I. Kühl, Beatriz Mugayar. II. Cordeiro, Renata
Maria Parreira. III. Título. IV. Série.

19-29137   CDD-720.288

Índices para catálogo sistemático:
1. Restauração: Arquitetura   720.288

Iolanda Rodrigues Biode – Bibliotecária – CRB-8/10014

Direitos reservados à
ATELIÊ EDITORIAL
Estrada da Aldeia de Carapicuíba, 897
06709-300 – Cotia – SP – Brasil
Tel.: (11) 4702-5915
www.atelie.com.br | contato@atelie.com.br
facebook.com/atelieeditorial | blog.atelie.com.br

Foi feito o depósito legal
Printed in Brazil   2019

Sumário

Viollet-le-Duc e o Verbete Restauração 9
  Beatriz Mugayar Kühl

Bibliografia Sumária 25

Restauração 27

Verbete: Restauração 29

# Viollet-le-Duc e o Verbete Restauração

Beatriz Mugayar Kühl

Eugène Emmanuel Viollet-le-Duc (1814-1879) é uma personalidade sempre presente quando se aborda a questão das teorias de restauro. Foi um autor prolixo e quando se invocam as obras e os escritos desse grande estudioso e teórico de talentos múltiplos, que também abrangiam os de arquiteto, escritor, diretor de canteiros de obras, desenhista, a polêmica é certa. Sua influência foi enorme em vários campos e, no que concerne à restauração, Viollet-le-Duc imprimiu uma marca pessoal e indelével.

Viollet-le-Duc nasceu no seio de uma família burguesa de estável posição. Seu pai era Emmanuel Viollet--le-Duc, um funcionário público, bibliófilo, com sólida carreira, e sua mãe, Eugénie Delécluze, cujo irmão,

Étienne Jean Delécluze, era um pintor formado no ateliê de David e crítico de arte. Eugène vinha, pois, de um meio que cultivava a cultura e as artes. Frequentavam sua casa, principalmente o apartamento de seu tio, arquitetos, pintores, historiadores, escritores, dentre os quais Prosper Mérimée e Ludovic Vitet, que posteriormente teriam grande importância no desenvolvimento profissional do jovem Eugène.

Viollet-le-Duc atuou numa época em que a restauração se estava firmando como ciência e seu papel foi de grande relevância. A partir do Renascimento, em que era notável o crescente interesse pelas construções da Antiguidade, as noções ligadas ao restauro foram definindo-se e esse movimento acentuou-se com as grandes transformações que ocorreram na Europa no século XVIII – tais como o advento da chamada Revolução Industrial e as profundas mudanças por ela acarretadas, o despontar do Iluminismo, a Revolução Francesa – que alteraram de forma dramática o modo como uma dada cultura se relacionava com o seu passado, provocando o despertar da noção de ruptura entre passado e presente e produzindo um sentimento de proteção a edifícios e ambientes históricos em vários estados europeus.

Na França, no período pós-revolução, numerosos e notáveis edifícios medievais foram destruídos. Os relatórios sobre o vandalismo apresentados pelo abade Grégoire na última década do século XVIII tiveram grande importância e influíram nas primeiras medidas oficiais tomadas por um Estado moderno com o objetivo de preservar monumentos históricos. O panorama cultural da França do início do século XIX era ainda dominado pela figura de Antoine Quatremère de Quincy e pelos ideais clássicos. A arquitetura oficial seguia uma estética dita acadêmica, de derivação clássica, mas que comportava múltiplas faces, com diversas correntes, tais como as neopalladianas e as neogregas. Mas, concomitantemente, aumentava o interesse pela arquitetura medieval, que fora desconsiderada durante séculos, dando origem a vários estudos sobre o tema nos anos 1820 e 1830. Por muitos ela era encarada como uma verdadeira manifestação do gênio nacional, em oposição à arquitetura acadêmica. É interessante, no entanto, lembrar que esse não era um fenômeno exclusivamente francês e que em outros países estudos mais consistentes sobre o gótico começaram no século anterior como, por exemplo, na Inglaterra e na Alemanha.

Foi nesse ambiente, em que novas ideias despontavam, em que a arquitetura gótica se revestia de um caráter nacionalista, em que se buscavam novos caminhos para a produção arquitetônica e em que a restauração se estava estabelecendo como uma ciência, que Viollet-le--Duc se formou, e sobre o qual, por sua vez, exerceria grande influência.

O período em que Viollet-le-Duc iniciava seu caminho como arquiteto, os anos 1830, foi, pois, rico em debates sobre as artes em geral e sobre a arquitetura em particular, e eram grandes as controvérsias. Nessa época, e principalmente após 1840, também se iniciava a sistematização da formação do arquiteto na França e se multiplicavam as revistas de arquitetura.

Quando Viollet-le-Duc terminou seus estudos gerais, o encaminhamento desejado por seu tio seria a Escola de Belas-Artes, mas ele se recusou a seguir uma forma de estudos que considerava ultrapassada e petrificada, e procurou aprender a prática da arquitetura trabalhando para dois arquitetos que frequentavam as reuniões em sua casa, Jean-Jacques Huvé e Achille Leclère.

Foi então que Viollet-le-Duc começou a viajar, desejando conhecer melhor a França. Em 1831 deixou por alguns meses o ateliê de Huvé, e acompanhado de Delécluze deu um giro pelo país. Partiu novamente em 1832, sozinho, pela Normandia e ainda uma vez em 1833, com o músico Emile Millet, por cinco meses. Essas viagens aumentaram o seu interesse e seu conhecimento em relação à arquitetura medieval. Descontente em ambos os ateliês, assumiu em 1834 o posto de professor suplente na Escola de Desenho, que posteriormente se tornaria a Escola de Artes Decorativas, à qual permaneceria ligado até 1850.

Em 1836, já casado e pai de família, viajou para a Itália com o desenhista Léon Gaucherel, e juntos fizeram a pé uma volta pela Sicília. Conheceram também outras localidades, tais como Nápoles, Pompeia, Pestum, Roma, Livorno e Pisa. Retomaram a Roma e Viollet-le-Duc ali ficou por seis meses. Nessas andanças, aprofundou seu conhecimento sobre a arquitetura clássica em geral, e sobre a arquitetura grega em particular, cujo modelo de construção o fascinou. Foi também a Veneza, onde se maravilhou com o Palácio dos Doges. Nessas viagens pela França e pela Itália, consolidou a noção, que se tornou uma certeza, de que existem princípios verdadeiros de adequação da forma à função, da estrutura à forma, e da ornamentação ao conjunto, seja na arquitetura clássica, seja na arquitetura medieval.

Voltando a Paris, Viollet-le-Duc assumiu o cargo de subinspetor, ligado à arquitetura oficial, tornando-se, em 1838, auditor no Conselho de Construções Civis.

Os debates sobre a arquitetura medieval tomavam maior vulto e o destino de edifícios do período, tão sacrificados no decorrer do século XVIII e início do século XIX, se tornou objeto de preocupação. Havia a participação de profissionais de variadas formações, com muitos autores reconhecendo a beleza e racionalidade da arte do medievo, sendo de grande importância os escritos de Victor Hugo, e os do arqueólogo Arcisse de Caumont.

Uma obra de restauração que teve grande influência sobre o restauro e sobre o próprio movimento neogótico foi a da Sainte Chapelle, iniciada em 1836. O trabalho foi confiado a Félix Duban, assistido por um discípulo de Henri Labrouste, Jean-Baptiste Lassus. Foi uma restauração em que se procurou ser fiel aos documentos e aos indícios existentes e que se constituiu em um verdadeiro laboratório experimental. Viollet-le-Duc dela participou como adjunto de Lassus.

A preocupação com monumentos adquirira maior importância e Ludovic Vitet foi nomeado em 1830 inspetor geral dos monumentos históricos. Um de seus objetivos era centralizar e regularizar as intervenções em edifícios de valor histórico. Fez várias viagens, principalmente pelos departamentos do Norte da França, e elaborou relatórios que teriam grande repercussão, revelando muitos dados e edificações até então esquecidos ou pouco conhecidos. Em 1834 Vitet abandonou o posto para assumir o cargo de secretário geral no Ministério do Comércio, sendo substituído por Prosper Mérimée.

Em 1837 foi decidida a criação de um conselho de especialistas para auxiliar e ladear o inspetor geral, dando origem à Comissão dos Monumentos Históricos, sendo nomeado presidente État Vatout, que era também o presidente do Conselho de Construções Civis. Vitet foi escolhido vice-presidente e Mérimée, secretário.

A Comissão selecionou arquitetos que eram designados para dirigir as obras e assim, em fevereiro de 1840, Viollet-le-Duc foi indicado pelo Ministro do Interior, por recomendação de Mérimée, para restaurar a Igreja de Vézelay, Até então, Viollet-le-Duc não possuía experiência em restauro (sua nomeação para participar das obras da Sainte Chapelle data de novembro daquele ano). Não deixou de ser uma surpresa a sua escolha, principalmente por se tratar de um projeto complexo e difícil que fora recusado por dois outros arquitetos.

A partir de sua atuação bem-sucedida em Vézelay os trabalhos se multiplicaram. Em 1842 foi convidado por Lassus para participar do concurso para a restauração de Notre-Dame de Paris, e em 1844 o projeto deles foi o escolhido. Participou também de várias missões para o Serviço dos Cultos. Em seguida, iniciou o projeto de Saint-Sernin de Toulouse, e em 1846, já reconhecido como um grande especialista da restauração, foi nomeado para a abadia de Saint-Denis.

Uma particularidade dos serviços de restauração franceses no período era o fato de as igrejas serem de responsabilidade do Serviço dos Cultos, que possuía um corpo próprio de profissionais, enquanto os "outros" monumentos eram ligados à Comissão dos Monumentos Históricos. Uma união entre os dois serviços só ocorreria com a separação definitiva entre a Igreja e o Estado, no início do século XX. Os dois grupos de arquitetos foram então unificados, passando a atuar sobre as grandes igrejas e sobre os "outros" monumentos históricos, que constituíam um conjunto mais amplo de edifícios de variados tipos e épocas.

Em 1848 a administração dos Cultos criou a Comissão das Artes e Edifícios Religiosos, para a qual foram chamados Mérimée e Viollet-le-Duc, que ali passou a dedicar grande parte de seu trabalho. Em 1853 Viollet-le-Duc foi nomeado, juntamente com Léon Vaudoyer e Léonce Reynaud, inspetor geral dos edifícios diocesanos, formando um comitê que detinha a autoridade sobre a avaliação dos projetos de restauração. Sua ação passou a englobar, dessa forma, não apenas alguns edifícios esparsos, mas muitas igrejas da França, participando da avaliação dos projetos de restauração e elaborando alguns deles, a exemplo dos planos para a

Catedral de Amiens e tendo influência decisiva sobre o futuro de muitas delas. Nesse período sua obra teórica também vai tomando corpo, formulando reflexões agudas sobre o papel do arquiteto e suas condições de trabalho, que influíram nas reformas que alteraram os honorários dos arquitetos em suas missões para o Serviço. Em 1849 foi publicada uma instrução técnica, elaborada conjuntamente por Viollet-le-Duc e Mérimée, sobre a restauração dos edifícios diocesanos, cujo texto foi difundido entre os seus arquitetos. Nela foram recomendadas manutenções periódicas para evitar as restaurações, e foram expostas questões práticas e técnicas, tais como: o modo de fazer o levantamento, de analisar, e de verificar as causas mais comuns de degradação; as maneiras de talhar pedras e de fazer rejuntes; explicações sobre as técnicas medievais. E também, e principalmente, indicações de como restaurar um edifício. Foi um texto fundamental que exerceu enorme influência na formação dos profissionais que trabalhavam na restauração.

Ao mesmo tempo, continuou executando trabalhos para a Comissão dos Monumentos Históricos, a exemplo das obras para Carcassonne. Apesar de nunca ter sido inspetor geral dos monumentos históricos, foi designado em 1860 membro da Comissão, tendo também grande influência sobre seus arquitetos.

Se a instrução técnica, circulares e relatórios permaneceram restritos a um certo círculo de profissionais, outros de seus escritos, em compensação – principalmente os *Entretiens sur l'Architecture*, publicados entre

1863 e 1872, e o *Dictionnaire Raisonné de l'Architecture Française du XIe au XVIe Siècle*, publicado em dez volumes entre 1854 e 1868 – teriam difusão muito maior, tanto na França quanto no exterior.

Nesses textos foram expostos seus conhecimentos sobre a arquitetura e análises sobre as formas de construir, apresentando reflexões sobre a racionalidade, a adequação de materiais/formas/funções e estruturas, e foram propostos novos caminhos para a arquitetura do período. Tiveram importância fundamental para a difusão de princípios racionais de construção e na propagação da ideia de que o verdadeiro futuro da arquitetura estaria em se estabelecer um sistema tão coerente, coeso, racional e eficiente quanto aquele da arquitetura gótica.

No *Dictionnaire*, ele expõe de forma pormenorizada seus aprofundados conhecimentos sobre a arquitetura medieval, utilizando a ilustração como contraponto de suas teses e vice-versa. Dentro do universo da arquitetura gótica, concebe um sistema ideal de correspondência entre forma, estrutura e função, formando um sistema lógico, perfeito, e fechado em si. Essa sua tendência de encarar um dado objeto segundo uma concepção idealizada se verifica também na restauração. Esse tema foi tratado de forma esparsa em vários dos verbetes, mas a principal formulação está no artigo "restauração", cujo notório início se dá em tom dogmático:

> A palavra e o assunto são modernos. Restaurar um edifício não é mantê-lo, repará-lo ou refazê-lo, é restabelecê-lo em um estado completo que pode não ter existido nunca em um dado momento.

No *Dictionnaire* são apresentadas as formulações teóricas de suas experiências práticas e não é de se surpreender que várias das recomendações possam ser verificadas em suas obras de restauro, que muitas vezes resultaram em intervenções incisivas, fazendo largo uso de reconstituições ou mesmo "corrigindo" o projeto onde ele se mostrava defeituoso.

Os primeiros preceitos genéricos sobre a restauração de monumentos apareceram na França já no século XVIII. O exercício teórico das reconstituições, por sua vez, era algo com tradição, fazendo parte do trabalho dos pensionistas na Academia de França em Roma, que tinham que estudar monumentos da Antiguidade Clássica, fazer o seu levantamento e elaborar reconstituições hipotéticas.

Viollet-le-Duc, porém, passa do exercício teórico à prática em edifícios medievais. Procura entender a lógica da concepção do projeto que, quando compreendida como um todo, daria respostas unívocas. Não se contenta unicamente em fazer uma reconstituição hipotética do estado de origem, mas procura fazer uma reconstituição daquilo que teria sido feito se, quando da construção, detivessem todos os conhecimentos e experiências de sua própria época, ou seja, uma reformulação ideal de um dado projeto. O seu procedimento se caracterizava por, inicialmente, procurar entender profundamente um sistema, concebendo então um modelo ideal e impondo, a seguir, sobre a obra, o esquema idealizado.

Esse método foi algo que ele aplicou efetivamente em muitas de suas restaurações, sem o respeito que muitos de seus contemporâneos, na França e em outros países, tinham pela matéria, pela configuração original e pelas transformações da obra no decorrer do tempo. Algumas vezes alterou partes originais que considerava "defeituosas", em vários exemplos não respeitou modificações posteriores, buscando a pureza de estilo, e não se acanhava em fazer reconstituições de grande extensão. Sua relativa falta de cerimônia em relação ao preexistente era algo bastante diferente da prudência apresentada nas obras e nas justificativas para o projeto de Notre-Dame de Paris, cujo texto sofreu provavelmente grande influência de Lassus.

A posição de Viollet-le-Duc era diametralmente oposta à de John Ruskin que, na Inglaterra, em 1849, publicara *The Seven Lamps of Architecture* em que faz pesadas críticas às restaurações. Ruskin era o expoente de um movimento que pregava absoluto respeito pela matéria original, que levava em consideração as transformações feitas em uma obra no decorrer do tempo, sendo a atitude a tomar a de simples trabalhos de conservação, para evitar degradações, ou, até mesmo, a de pura contemplação.

Ambas as posições exerceram enorme influência, não apenas em seus próprios ambientes, mas também em outros países e foram as posturas consagradas pela historiografia das teorias de restauro. É interessante, porém, enfatizar que mesmo nos respectivos meios dos dois eminentes teóricos havia atuações seguindo preceitos diversos. Na França, por exemplo, muitos outros autores eram mais "prudentes" do que Viollet-le-Duc, alguns como o próprio Lassus, que procurava respeitar a concepção original, ainda que "defeituosa", ou mesmo Victor Hugo que clamava pela conservação das obras como chegaram aos seus dias, com todas as modificações por que passaram.

Mas as obras que Viollet-le-Duc realizou em suas funções como arquiteto diocesano e na Comissão dos Monumentos Históricos, a grande ascendência que teve sobre a formação de muitos arquitetos desses serviços, a influência de seus textos na França e no exterior, inclusive na Grã-Bretanha, o tornam um nome que não se pode ignorar quando se trata da restauração de monumentos históricos.

Viollet-le-Duc acabou por se demitir de sua função em 1874 por vários motivos, entre eles por se opor à política religiosa do governo e pelos problemas que teve em relação à oposição ao seu parecer para a Catedral de Evreux. Viollet-le-Duc construiu sua teoria de restauro sobre certezas, baseado em aprofundados estudos arquitetônicos, e não gostava de ser contrariado, demonstrando algumas vezes uma tendência à obstinação e à onisciência. O arquiteto responsável pela Catedral de Evreux, Denis Darcy, elaborou em 1872 um projeto em que propunha, entre outras coisas, a reconstrução das partes superiores das naves, abóbadas e a modificação do sistema de arcobotantes, concebendo uma solução diversa da existente, com a supressão dos arcobotantes superiores (eram arcobotantes duplos), a reconstrução dos pináculos e a adição de gárgulas. Idealizou assim um sistema engenhoso de distribuição das cargas e escoamento das águas mas que não tinha relação com o preexistente. Houve grande oposição e pressão de vários setores contra as modificações projetadas por Darcy, que Viollet-le-Duc apoiava. Após meses de discussão, as obras foram retomadas segundo os preceitos de Darcy, e foram concluídas em 1887.

A forma incisiva (e invasiva) de Viollet-le-Duc atuar sobre um monumento, seus numerosos seguidores e as transformações por que foi passando a teoria e a prática da restauração, durante os séculos XIX e XX, acabaram por condenar a sua forma de intervenção. De certa forma ele se tornou o "vilão" da história. Viollet-le-Duc concebeu uma teoria racional, coesa, cabal, dogmática, e pela antipatia que se foi desenvolvendo posteriormente pela sua postura de pouco considerar os materiais, a concepção original e as mudanças por que passou a construção, pelo aspecto por vezes abusivo de suas restaurações e de seus seguidores (dada a nossa atual concepção sobre o tema), seus princípios teóricos foram relegados ao ostracismo durante um longo período.

Apenas mais recentemente seu papel como um dos "apóstolos" do neogótico, como o teórico de uma nova arquitetura, e como restaurador passou a ser reavaliado, principalmente após o centenário de sua morte, cuja comemoração incluiu uma exposição e o Colóquio Internacional Viollet-le-Duc, realizados em Paris em 1980.

Quanto à sua faceta de restaurador, a mais polêmica delas, seria interessante, antes de mais nada, avaliá-la dentro do contexto em que foi produzida, um momento de "redescoberta" e de grande apreciação das qualidades da arquitetura medieval – e Viollet-le-Duc teve papel fundamental no estudo e difusão de conhecimentos – e um período em que se verificaram as primeiras tentativas metódicas de restauração de obras consideradas monumentos históricos, sistematização que não tinha precedentes e que se estava formando na época.

Apesar da reapreciação recente de sua obra, ela está longe de estar livre de polêmicas e nem por isso o arquiteto passou a ser insensado – haja vista a controvérsia em torno da "desrestauração" da igreja Saint-Sernin de Toulouse, em que um princípio "leduciano" dos mais controvertidos, o de desrespeitar o estado existente para voltar a um estágio anterior ou a um estado considerado mais correto, foi usado "contra" uma obra do próprio Viollet--le-Duc. Os trabalhos de Viollet-le-Duc para a igreja de Saint-Sernin começaram em meados do século XIX e acarretaram numerosas mudanças, a maior delas consistindo na supressão das adições góticas para se obter um românico puro. Na execução da obra, no entanto, nem todo o plano do arquiteto foi seguido. Na recente "desrestauração" procurou-se retornar ao estado da obra antes de 1860 e para isso existia um levantamento pormenorizado feito pelo próprio Viollet-le-Duc e também fotografias. Nem todos os elementos, porém, foram reconstituídos segundo a documentação disponível, havendo algumas alterações em relação ao estado pré-Viollet-le-Duc. Houve muitas discussões em relação a essa intervenção, cujas obras tiveram que ser interrompidas em 1989-1990, mas que depois foram retomadas e concluídas.

Esse é um dos exemplos das controvérsias e da paixão que até hoje marcam os debates sobre as obras e ideias de Viollet-le-Duc e a polêmica que causou e ainda causa é proporcional à grandeza de sua produção.

Pela antipatia criada em relação às suas obras como restaurador, muitas vezes deixou-se de apreciar a coerência de suas formulações teóricas, seus aspectos inovadores, e seus muitos aspectos ainda atuais. Suas mais conhecidas formulações sobre a restauração estão enunciadas no *Dictionnaire*, principalmente no verbete "Restauração" (apesar de outros de seus textos, mesmo no próprio dicionário, se referirem ao tema). Entre as questões de grande atualidade podem ser citadas: o fato de recomendar que se deva restaurar não apenas a aparência do edifício, mas também a função portante de sua estrutura; procurar seguir a concepção de origem para resolver os problemas estruturais; a importância de se fazer levantamentos pormenorizados da situação existente; agir somente em função das circunstâncias, pois princípios absolutos podem levar ao absurdo; a importância da reutilização para a sobrevivência da obra, pois restaurar não é apenas uma conservação da matéria, mas de um espírito da qual ela é suporte.

O texto comporta, como qualquer escrito, várias leituras e interpretações. Um modo é analisá-lo confrontando a teoria de restauro de Viollet-le-Duc com as obras em que atuou, verificando se uma é o alimento da outra e vice-versa, procurando observar até que ponto ele usa a teoria para justificar a sua própria atuação como arquiteto. É possível, também, entre outras possibilidades, abstrair as referências diretas à sua ação de arquiteto restaurador, procurando ler o texto de forma isolada, ao pé da letra. É nesse caso que algumas de suas recomendações parecem, para a nossa visão tão preconceituosa em relação às restaurações do notável teórico, estranhamente sábias, ponderadas e atuais.

Desse modo, parece oportuno apresentar esta tradução do verbete "Restauração" para que se possa oferecer uma ideia mais imparcial de sua teoria, deixando que o próprio Viollet-le-Duc exponha suas concepções, e para que se possa apreciar toda a grandeza de seu texto.

Bibliografia Sumária

Actes du Colloque Internacional Viollet le Duc. Paris, 1980. Paris, Nouvelles Editions Latines, 1982.

BAUDOT, A. "Viollet-le-Duc, Architecte". *Encyclopédie d'Architecture*, 1880, pp. 37-40.

BOIRET, Yves. "Saint-Sernin. Parethèse Refermée". *Connaissance des Arts*, 1991, n. 469, pp. 105-112.

_____. "*Problèmes de la Restauration*". *Monuments Historiques*, 1980, n. 112, pp. 50-53.

FOUCART, Bruno. "Viollet-le-Duc a perdu une Bataille". *Connaissance des Arts*, 1991, n. 472, p. 22.

LENIAUD, Michel. *Viollet-le-Duc ou les délires du système*. Paris, Mengès, 1994.

VIOLLET-LE-DUC, Eugène Emmanuel. *Dictionnaire Raisonné de l'Architecture Française du XIe au XVIe Siècle*. Paris, Libreries-Imprimeries Réunies, s. d.

_____. *Entretiens sur l'Architecture*. Paris, Morel, 1863-1872.

Restauração

Verbete: Restauração*

RESTAURAÇÃO, s. f. A palavra e o assunto são modernos. Restaurar um edifício não é mantê-lo, repará-lo ou refazê-lo, é restabelecê-lo em um estado completo que pode não ter existido nunca em um dado momento.

Foi somente a partir do segundo quartel de nosso século que se pretendeu restaurar edifícios de uma outra época, sem que se tivesse definido precisamente a restauração arquitetônica. É talvez oportuno fazer um relato exato daquilo que se entende ou daquilo que se deve entender por *uma restauração*, pois parece que

---

* Eugène Emmanuel Viollet-le-Duc, *Dictionnaire Raisonné de l'Architecture Française du XIe au XVIe siècle*. Paris, Librairies-Imprimeries Réunies, s. d. [1854-1868], vol. 8, pp. 14-34.

numerosos equívocos passaram a permear o sentido que atribuímos ou que devemos atribuir a essa operação.

Dissemos que a palavra e o assunto são modernos e, com efeito, nenhuma civilização, nenhum povo, em tempos passados, teve a intenção de fazer restaurações como nós as compreendemos hoje.

Na Ásia, tanto outrora como hoje, quando um templo ou um palácio sofria as degradações do tempo, erguia-se ou ergue-se um outro ao lado. Não se destrói para tanto o antigo edifício; ele é abandonado à ação dos séculos, que dele se apoderam como se fosse uma coisa que lhes pertencesse, para corroê-la pouco a pouco. Os romanos restituíam mas não restauravam, e a prova é que o latim não tem palavra que corresponda à nossa palavra restauração, segundo o significado que a ela damos hoje. *Instaurare*, *reficere*, *renovare* não querem dizer restaurar, mas restabelecer, reedificar. Quando o imperador Adriano quis tornar a pôr em bom estado vários monumentos da Grécia antiga ou da Ásia Menor procedeu de tal modo que sublevaria contra si, hoje, todas as sociedades arqueológicas da Europa, mesmo tendo ele pretensões aos conhecimentos do antiquário. Não se pode considerar o restabelecimento do templo do Sol, em Baalbek, como uma restauração, mas como uma reconstrução, segundo o modo admitido no momento em que essa reconstrução ocorreu. Os próprios Ptolomeus, que ostentavam arcaísmo, não respeitavam de modo algum as formas dos monumentos das velhas dinastias do Egito, mas os restituíam conforme o modo de seu tempo.

Quanto aos gregos, longe de restaurar, isto é, reproduzir exatamente as formas dos edifícios que haviam sofrido degradações, acreditavam evidentemente acertar ao dar o cunho do momento a esses trabalhos que se tornaram necessários. Erguer um arco do triunfo como o de Constantino, em Roma, com os fragmentos arrancados do arco de Trajano, não é restauração, tampouco reconstrução; é um ato de vandalismo, uma pilhagem de bárbaros. Cobrir de estuques a arquitetura do templo da Fortuna viril, em Roma, tampouco é aquilo que se pode considerar como uma restauração; é uma mutilação. Deve-se reconhecer que o gosto pelas restaurações, senão arcaicas, ao menos consideradas como renovação dos edifícios, se manifestou, desde sempre, ao se findarem os períodos de civilização nas sociedades. Restauravam-se, ou melhor dizendo, reparavam-se os monumentos antigos da Grécia, quando se extinguia o gênio grego sob a mão pesada de Roma. O próprio Império empenhou-se em restaurar os templos no momento em que a igreja ia substituí-lo, e, entre nós, foi com uma espécie de pressa que se recuperaram, que se repararam e que se acabaram muitas igrejas católicas às vésperas da Reforma.

Mas, aliás, a Idade Média não possuía mais do que a Antiguidade a percepção das restaurações como nós as compreendemos hoje; longe disso. Se fosse necessário, em um edifício do século XII, substituir um capitel quebrado, era um capitel do século XIII, XIV ou XV que se colocava em seu lugar. Se em um longo friso de *folhas montantes*[1] do século XIII, um pedaço, somente um, viesse a faltar, era um ornamento conforme ao gosto do momento que era incrustado. Por isso, aconteceu várias vezes, antes que o estudo atento dos estilos fosse levado às suas últimas consequências, de se considerar essas modificações como extravagâncias, de se atribuir data falsa a fragmentos que deveriam ter sido considerados como interpolações em um texto.

Poder-se-ia dizer que existe tanto perigo em restaurar reproduzindo-se em *fac-símile* tudo aquilo que se encontra num edifício, quanto em se ter a pretensão de substituir por formas posteriores aquelas que deveriam existir primitivamente. No primeiro caso, a boa-fé, a sinceridade do artista podem produzir os mais graves erros, consagrando, por assim dizer, uma interpolação; no segundo, a substituição de uma forma primitiva por uma forma existente, reconhecida como posterior, faz igualmente desaparecer os traços de uma reparação cujo conhecimento da causa teria, talvez, permitido constatar a presença de uma disposição excepcional. Explicaremos isso mais adiante.

O nosso tempo, e somente o nosso tempo, desde o começo dos séculos históricos, tomou, em face do passado, uma atitude inusitada. Quis analisá-lo, compará--lo, classificá-lo e formar sua verdadeira história, seguin-

---

1. No original, *crochet*, palavra usada para designar ornamento escultórico, empregado sobretudo na Idade Média, para ornar capitéis, frisos, pináculos etc., com a forma da parte superior de um broto ou de uma folhagem recurvada. Também chamado de *feuille à croche*. (N. da T.)

do passo a passo a marcha, os progressos, as transformações da humanidade. Um fato tão estranho não pode ser, como supõem alguns espíritos superficiais, uma moda, um capricho, uma enfermidade, pois o fenômeno é complexo. Cuvier, através de seus trabalhos sobre a anatomia comparada, de suas pesquisas geológicas, descortina, de repente, aos olhos dos contemporâneos, a história do mundo antes do reino do homem. As imaginações o seguem com ardor nessa nova via. Filólogos, depois dele, descobrem as origens das línguas europeias, todas originadas de uma mesma fonte. Etnólogos direcionam seus trabalhos para o estudo das raças e de suas aptidões. Depois, por fim, vêm os arqueólogos, que desde a Índia até o Egito e a Europa, comparam, discutem, separam as produções artísticas, desmascaram suas origens, suas filiações e chegam, pouco a pouco, pelo método analítico, a coordená-las segundo certas leis. Ver nisso uma fantasia, uma moda, um estado de desconforto moral, é julgar um fato de considerável alcance um pouco superficialmente. O mesmo seria pretender que os fatos descortinados pela ciência, desde Newton, são o resultado de um capricho do espírito humano. Se o fato é considerável em seu conjunto, como poderia não ter importância em seus detalhes? Todos esses trabalhos se encadeiam e se auxiliam mutuamente. Se o europeu chegou a essa fase do espírito humano, que caminhando em passos acelerados em direção aos destinos do porvir, e talvez por caminhar depressa, sente a necessidade de compilar todo seu passado, assim como se forma uma numerosa biblioteca, para preparar labores futuros, é razoável acusá-la de se deixar levar por um capricho, por uma fantasia efêmera? E então os retardatários, os obtusos, não são eles os mesmos que desprezam esses estudos, pretendendo considerá-las como uma mixórdia inútil? Dissipar preconceitos, exumar verdades esquecidas, não é, ao contrário, um dos meios mais ativos de acelerar o progresso?

Se nosso tempo só tivesse que transmitir aos séculos futuros esse novo método de estudar as coisas do passado, tanto no plano material quanto no plano moral, bem mereceria a posteridade. Mas nós o sabemos de sobra; nosso tempo não se contenta em lançar um olhar perscrutador por trás de si: esse trabalho retrospectivo apenas desenvolve os problemas colocados no futuro e facilita a sua solução. É a síntese que se segue à análise.

No entanto, esses perscrutadores do passado, esses arqueólogos, exumando pacientemente os mínimos resquícios das artes que se supunham perdidas, têm que vencer preconceitos mantidos com cuidado pela numerosa classe das pessoas para as quais toda descoberta ou todo horizonte novo é a perda da tradição, isto é, de um estado bastante cômodo de quietude do espírito. A história da Galileia é a de sempre. Surge em um ou vários escalões, mas é encontrada sempre sobre os degraus que a humanidade galga. Notemos, de passagem, que as épocas assinaladas por um grande movimento vanguardista se distinguiram entre todas por um estudo ao menos parcial do passado. O século XII, no Ocidente, foi um verdadeiro renascimento político, social, filosófico, artístico e literário; ao mesmo tempo, alguns homens ajudavam esse movimento através de pesquisas do passado. O século XVI apresentou o mesmo fenômeno. Os arqueólogos não têm, pois, muito que se inquietar por essa pausa que se pretende a eles impor, pois não somente na França, mas em toda a Europa, seus labores são apreciados por um público ávido de penetrar com eles no âmago de épocas anteriores. Que por vezes esses arqueólogos deixem a poeira do passado para se lançar em uma polêmica, não é tempo perdido, pois a polêmica gera as ideias e leva ao exame mais atento dos problemas duvidosos; a contradição ajuda a resolvê-las. Não acusemos, pois, esses espíritos imobilizados na contemplação do presente ou apegados a preconceitos paramentados com o nome de tradição, fechando os olhos diante das riquezas exumadas do passado, e pretendendo datar a humanidade a partir do dia em que nasceram, pois nós somos dessa forma forçados a suprir a sua miopia e a mostrar-lhes de mais perto o resultado de nossas pesquisas.

Mas o que dizer desses fanáticos, pesquisadores de alguns tesouros, que não permitem que se mexa num solo que eles negligenciaram, considerando o passado como uma matéria a ser explorada através de um monopólio, e declarando em alto e bom som que a humanidade só produziu obras boas de se coligir em certos períodos históricos por eles delimitados; que pretendem arrancar capítulos inteiros da história dos trabalhos humanos; que se erigem como os censores da classe dos arqueólogos, dizendo-lhes: "Tal veio é nocivo, não o escavem; se vocês o revelarem, nós os denunciaremos a seus contemporâneos como corruptores!" Assim eram chamados, há poucos anos, os homens que passavam sua vigília descortinando as artes, os costumes, a literatura da Idade Média. Se esses fanáticos diminuíram em número, aqueles que persistem são ainda mais passionais em seus ataques, e adotaram uma tática bastante hábil para impô-la às pessoas pouco dispostas a ver a fundo as coisas. Raciocinam assim: "Vocês estudam e pretendem fazer com que conheçamos as artes da Idade Média, assim querem nos fazer retomar à Idade Média e excluem o estudo da Antiguidade; se cedermos, haverá masmorras em cada calabouço e uma sala de torturas ao lado da sexta câmara. Vocês nos falam dos trabalhos dos monges, querem pois nos reconduzir ao regime dos monges, ao dízimo; fazer-nos recair em um ascetismo enervante. Vocês nos falam dos castelos feudais, então não gostam dos princípios de 89, e se nós os escutarmos, as corveias serão restabelecidas". O que há de agradável é que esses fanáticos (mantemos a palavra) nos atribuem o epíteto *exclusivo*, porque, provavelmente, não excluímos o estudo das artes da Idade Média e nos permitimos recomendá-la.

Talvez nos perguntem que relações essas querelas podem ter com o título desse artigo, e nós iremos dizê-lo. Os arquitetos, na França, não se apuram. Já por volta do fim do primeiro quarto desse século, os estudos literários sobre a Idade Média se tinham tornado sérios, e os arquitetos ainda viam nas abóbadas góticas apenas a *imitação das florestas da Germânia* (era uma frase consagrada) e na ogiva, apenas uma arte *doente*. O arco ogival equilátero é segmentado, portanto é doente, e isso é categórico. As igrejas da Idade Média, devastadas durante a Revolução, abandonadas, enegrecidas pelo tempo, apodrecidas pela umidade, apresentavam somente a aparência de grandes caixões vazios. Daí as frases fúnebres de Kotzebue, repetidas depois dele[2]. Os interiores dos edifícios góticos inspiravam apenas a tristeza (isso é fácil de crer dado o estado a que foram reduzidos). As flechas diáfanas destacando-se na bruma provocavam frases românticas; descreviam-se os *rendilhados* de pedra, as *agulhas* erigidas sobre os contrafortes, as *elegantes* colunetas agrupadas para sustentar as abóbadas de altura *espantosa*. Essas testemunhas da *piedade* (outros diziam do fanatismo) *de nossos pais* refletiam apenas uma espécie de estado metade místico, metade bárbaro, no qual o capricho reinava soberanamente. Inútil é nos estendermos aqui sobre essa confusão banal que provocava fúria em 1825, e que só se encontra nos folhetins de jornais atrasados. De

---

2. Ver em *Souvenirs de Paris en 1804*, por Aug. Kotzebue (trad. do alemão, 1805), sua visita à abadia de Saint-Denis. Vê-se despontar nesse capítulo a admiração romântica ou romanesca pelos velhos edifícios. "Partindo-se desse local subterrâneo [diz o autor] nós subimos para dentro da muralha solitária, onde o tempo começa agora a abater com sua foice. O velho (pois sempre há um velho nas ruínas) se gaba de ver um dia restaurada essa abadia; funda essa esperança em algumas palavras que Bonaparte deixou escapar. Mas como essas reparações seriam extremamente onerosas, não se deve pensar nisso pelo momento..."

qualquer modo, essas frases ocas, com a ajuda do Museu dos Monumentos Franceses e de algumas coleções, como a de du Sommerard, fizeram com que vários artistas começassem a examinar com curiosidade esses remanescentes dos séculos *de ignorância e de barbárie*. Esse exame, um tanto superficial e tímido no início, provocava várias e muito enérgicas advertências. Era necessário esconder-se para desenhar esses monumentos elevados pelos godos, como diziam alguns graves personagens. Foi então que homens, de modo algum artistas, se viram, assim, fora do alcance da férula acadêmica, e iniciaram a campanha através de trabalhos bastante notáveis para o tempo em que foram feitos.

Em 1830, o Sr. Vitet foi nomeado inspetor geral dos monumentos históricos. Esse escritor refinado soube contribuir nessas novas funções, não com grandes conhecimentos arqueológicos que ninguém naquele momento podia possuir, mas com um espírito de crítica e de análise que, antes de tudo, fez penetrar a luz na história de nossos antigos monumentos. Em 1831, o Sr. Vitet endereçou ao ministro do interior um relatório lúcido, metódico, sobre a inspeção à qual se tinha dedicado nos departamentos do Norte, que descortinou de repente aos espíritos esclarecidos tesouros até então ignorados, relatório considerado hoje como uma obra-prima nesse gênero de estudos. Pediremos a permissão de citar alguns de seus trechos: "Eu sei [diz o autor] que aos olhos de muitas pessoas que exercem a autoridade, é um singular paradoxo falar seriamente da escultura da Idade Média. A dar-lhes crédito, desde os Antoninos até Francisco I, não houve escultura na Europa, e os estatuários foram apenas pedreiros incultos e grosseiros. É suficiente, contudo, ter olhos e um pouco de boa-fé, para fazer justiça a partir desse preconceito, para reconhecer que ao se sair dos séculos de pura barbárie, constituiu--se na Idade Média uma grande e bela escola de escultura, herdeira dos procedimentos e mesmo do estilo da arte antiga, apesar de ser bem moderna em seu espírito e em seus efeitos e que, como todas as escolas, teve suas fases e suas revoluções, isto é, sua infância, sua maturidade e sua decadência..."

"[...] Por isso é necessário considerarmo-nos felizes quando o acaso nos faz descobrir em um canto bem abrigado, e onde os golpes de martelo não puderam atingir, alguns fragmentos dessa bela e nobre escultura."

E, como para combater a influência dessa fraseologia sepulcral empregada quando se tratava de descrever monumentos da Idade Média, o Sr. Vitet exprime-se, mais adiante, desta forma a propósito da coloração aplicada à arquitetura: "Com efeito, recentes viagens, experiências incontestáveis não permitem mais duvidar, hoje, que a Grécia antiga levou tão longe o gosto pela cor que cobriu de pinturas até o exterior de seus edifícios, e no entanto, baseados em alguns pedaços de mármore descoloridos, nossos cientistas, há três séculos, nos faziam imaginar essa arquitetura fria e descolorida. Fez-se algo semelhante em relação à Idade Média. Sucedeu que no fim do século XVI, graças ao protestantismo, ao pedantismo, e a muitas outras causas, nossa imaginação, tornando-se a cada dia menos viva, menos natural, mais terna por assim dizer, começamos a branquear essas belas igrejas pintadas, tomamos gosto pelas muralhas e pelas marcenarias desguarnecidas, e se ainda fossem pintadas algumas decorações interiores, seriam apenas, por assim dizer, miniaturas. Uma vez que o fato é assim desde duzentos ou trezentos anos, nós nos habituamos a concluir que sempre havia sido do mesmo modo, e que esses pobres monumentos sempre foram vistos pálidos e despojados como o são hoje. Mas se os observarem com atenção, descobrirão bem rapidamente alguns trapos de sua velha roupagem: em todos os lugares onde a caiação escama, encontrarão a pintura primitiva..."

Para concluir seu relatório sobre os monumentos das províncias do Norte visitadas por ele, o Sr. Vitet, tendo sido particularmente tocado pelo aspecto imponente das ruínas do castelo de Coucy, endereça ao ministro este pedido, que hoje adquire um caráter oportuno dos mais mordazes:

"Concluindo aqui aquilo que se refere aos monumentos e à sua conservação, deixe-me, senhor ministro, dizer ainda algumas palavras a respeito de um monumento talvez mais surpreendente e mais precioso do que todos aqueles que acabo de mencionar, e cuja restauração me proponho tentar. Na verdade é uma restauração para a qual não será necessário nem pedras, nem cimento, mas somente algumas folhas de papel. Reconstruir ou antes restituir em seu conjunto e em seus mínimos detalhes uma fortaleza da Idade Média, reproduzir sua decoração interior e até o seu mobiliário; em uma palavra, devolver sua forma, sua cor e, se ouso dizer, sua vida primitiva, tal é o projeto que me veio primeiro à mente ao entrar na muralha do castelo de Coucy. As torres imensas, o torreão colossal, parecem, sob certos aspectos, construídos ontem. E em suas partes degradadas, quantos vestígios de pintura, de escultura, de distribuições interiores! Quantos documentos para a imaginação! Quantas indicações para guiá-la com certeza à descoberta do passado, sem mencionar os antigos planos de du Cerceau que, apesar de incorretos, podem também ser de grande ajuda!"

"Até agora esse gênero de trabalho foi aplicado somente aos monumentos da Antiguidade. Creio que, no âmbito da Idade Média, poderia conduzir a resultados ainda mais úteis; pois as indicações tendo por base fatos mais recentes e monumentos mais inteiros, o que, em geral, em se tratando da Antiguidade são somente conjecturas, se tornariam quase certeza quando se tratasse da Idade Média: e, por exemplo, a restauração da qual eu falo, confrontada com o castelo tal como se acha hoje, encontraria, ouso crer, bem poucos incrédulos."

Esse programa tão vividamente traçado pelo ilustre crítico há trinta e quatro anos, nós o vemos realizado hoje, não sobre o papel, não por desenhos fugidios, mas de pedra, de madeira e de ferro para um castelo não menos interessante, o de Pierrefonds. Muita coisa aconteceu desde o relatório do inspetor geral dos monumentos históricos em 1831, muitas discussões sobre a arte foram levantadas; no entanto as primeiras sementes lançadas pelo Sr. Vitet deram frutos. Pioneiramente o Sr. Vitet se preocupou com a restauração séria de nossos antigos monumentos; pioneiramente emitiu sobre esse tema ideias práticas; pioneiramente fez com que a crítica interviesse nessa espécie de trabalho: a via foi aberta, outros críticos, outros cientistas debruçaram-se sobre o tema, e depois deles, artistas.

Catorze anos mais tarde, o mesmo escritor, sempre ligado à obra que havia começado tão bem, elaborava a história da catedral de Noyon, e é assim que nesse trabalho notável[3] constatava as etapas percorridas pelos cientistas e artistas ligados aos mesmos estudos. "Com efeito, para conhecer a história de uma arte, não é suficiente determinar os diversos períodos que trilhou em um dado lugar, é preciso seguir sua marcha em todos os lugares onde ela se produziu, indicar as diversas formas de que se revestiu sucessivamente, e elaborar o quadro comparativo de todas essas diversas formas, confrontando não apenas cada nação, mas cada província de um mesmo país... É para esse duplo objetivo, é para esse espírito que foram dirigidas quase todas as pesquisas realizadas há vinte anos entre nós sobre o tema dos monumentos da Idade Média. Já no começo do século, alguns cientistas da Inglaterra e da Alemanha nos tinham

---

3. Ver a *Monographie de l'église de Notre-Dame de Noyon*, pelo Sr. L. Vitet e por Daniel Ramée, 1845.

dado o exemplo através de ensaios especialmente aplicados aos edifícios desses dois países. Seus trabalhos mal chegaram à França, e particularmente na Normandia, e suscitaram uma viva emulação. Na Alsácia, na Lorena, no Languedoc, em Poitou, em todas as nossas províncias, o amor por esses tipos de estudos se propagou rapidamente e agora, em todos os lugares se trabalham, em toda a parte se buscam, se preparam, se reúnem materiais. A moda, que se espalha e se mistura com as coisas novas, com muita frequência para as estragar, infelizmente não respeitou essa ciência nascente e talvez tenha comprometido, um pouco, seus progressos. As pessoas do mundo têm pressa de usufruir; pediram métodos expeditos para aprender a atribuir, a cada monumento que viam, sua data. Em compensação, alguns estudiosos, levados por excesso de zelo, caíram num dogmatismo desprovido de provas e coberto de asserções categóricas, meio de tornar incrédulos aqueles que se pretende converter. Mas apesar desses obstáculos, inerentes a toda tentativa nova, os verdadeiros trabalhadores continuam a sua obra com paciência e moderação. As verdades fundamentais são adquiridas; a ciência existe, trata-se apenas de consolidá-la e de estendê-la, ampliando algumas noções ainda cerceadas, concluindo algumas demonstrações incompletas. Resta muito a fazer; mas os resultados obtidos são tamanhos que com certeza o objetivo deve ser, um dia, definitivamente alcançado"[4].

4. *Idem*, p. 38.

Deveríamos citar a maior parte desse texto para mostrar o quanto o seu autor foi pioneiro no estudo e na apreciação dessas artes da Idade Média, e como a luz se fez em meio às trevas propagadas ao seu redor. Diz o Sr. Vitet após ter mostrado claramente que a arquitetura daqueles tempos é uma arte completa, tendo suas leis novas e sua razão: "É por não haver aberto os olhos, que todas essas verdades são tratadas como quimeras e que as pessoas se fecham em uma incredulidade desdenhosa"[5].

O Sr. Vitet tinha então abandonado a inspeção geral dos monumentos históricos; essas funções, desde 1835, haviam sido confiadas a um dos espíritos mais eminentes de nossa época, ao Sr. Mérimée.

Foi com esses dois padrinhos que se formou um primeiro núcleo de artistas jovens, desejosos de penetrar no conhecimento íntimo dessas artes esquecidas; foi sob sua inspiração sábia, sempre submetida a uma crítica severa, que foram empreendidas restaurações, de início com uma grande reserva, logo em seguida com mais ousadia e de maneira mais abrangente. De 1835 a 1848, o Sr. Vitet presidiu a Comissão dos Monumentos Históricos, e durante esse período um grande número de edifícios da Antiguidade Romana e da Idade Média, na França, foram estudados, bem como preservados da ruína. Deve-se dizer que o programa de uma restauração era então algo totalmente novo. Com efeito, sem mencionar

---

5. *Idem*, p. 45.

as restaurações feitas nos séculos precedentes e que eram apenas substituições, já se tinha, desde o começo do século, tentado dar uma ideia das artes anteriores através de composições passavelmente fantasiosas, mas que tinham a pretensão de reproduzir formas antigas. O Sr. Lenoir, no Museu dos Monumentos Franceses, formado por ele, tentou reunir todos os fragmentos salvos da destruição em uma ordem cronológica. Mas é preciso dizer que a imaginação do célebre conservador interveio nesse trabalho mais do que o saber e a crítica. Desse modo, por exemplo, o túmulo de Heloísa e de Abelardo, hoje transferido para o cemitério do Leste, foi composto de arcaduras e colunetas provenientes das naves laterais da igreja abacial de Saint-Denis, de baixos-relevos provenientes dos túmulos de Felipe e de Luís, irmão e filho de São Luís, de mascarões provenientes da capela da Virgem de Saint-Germain des Prés, e de duas estátuas do começo do século XIV. Desse modo, as estátuas de Carlos V e de Joana de Bourbon, provenientes do túmulo de Saint-Denis, foram colocadas sobre marcenarias do século XVI arrancadas da capela do castelo de Gaillon, e encimadas por uma edícula do fim do século XIII; que a sala dita do século XIV foi decorada com uma arcaria proveniente do elemento de separação do coro da Sainte Chapelle e as estátuas do século XIII adossadas aos pilares do mesmo edifício; que por falta de um Luís IX e de uma Margarida de Provença, as estátuas de Carlos V e de Joana de Bourbon, que antes decoravam o portal dos Celestinos, em Paris, foram batizadas com o nome do santo rei e de sua mulher[6]. Mas tendo sido o Museu dos Monumentos Franceses destruído em 1816, a confusão só aumentou entre tantos monumentos, transferidos, em sua maior parte, para Saint-Denis.

Pela vontade do imperador Napoleão I, que em tudo estava à frente de seu tempo, e que compreendia a importância das restaurações, essa igreja de Saint-Denis estava destinada não somente a servir de sepultura à nova dinastia, mas também a oferecer um tipo de amostra dos progressos da arte do século XIII ao XVI na França. O imperador destinou fundos para essa restauração; mas o efeito correspondeu tão pouco às suas aspirações desde os primeiros trabalhos, que o arquiteto então encarregado da direção da obra teve que aguentar reprimendas muito vívidas por parte do soberano que foi afetado a ponto, dizem, de morrer de arrependimento.

Essa infeliz igreja de Saint-Denis foi como o cadáver sobre o qual os primeiros artistas, que entravam na via das restaurações, praticavam. Durante trinta anos sofreu todas as mutilações possíveis, de modo que estando a sua solidez comprometida, depois de despesas consideráveis e depois de modificadas as suas disposições antigas, e estando todos os seus belos monumentos subvertidos, teve-se de cessar essa custosa experiência e retomar ao programa relativo à restauração estabelecido pela Comissão dos Monumentos Históricos.

---

6. Essa substituição foi a causa, desde então, de quase todos os pintores ou escultores encarregados de representar esses personagens darem a São Luís a máscara de Carlos V.

É tempo de explicar esse programa, seguido hoje na Inglaterra e na Alemanha, que nos haviam antecedido na via dos estudos teóricos das artes antigas, aceito na Itália e na Espanha, que pretendem, por sua vez, introduzir a crítica na conservação de seus velhos monumentos.

Esse programa, antes de mais nada, admite por princípio que cada edifício ou cada parte de um edifício devam ser restaurados no estilo que lhes pertence, não somente como aparência, mas como estrutura. São poucos os edifícios que, durante a Idade Média sobretudo, foram construídos de uma só vez, ou, se assim o foram, que não tenham sofrido modificações notáveis, seja através de acréscimos, transformações ou mudanças parciais. É, portanto, essencial, antes de qualquer trabalho de reparação, constatar exatamente a idade e o caráter de cada parte, compor uma espécie de relatório respaldado por documentos seguros, seja por notas escritas, seja por levantamentos gráficos. Ademais, na França, cada província possui um estilo que lhe é próprio, uma escola da qual é necessário conhecer os princípios e os meios práticos. Informações tomadas sobre um monumento da Ile-de-France não podem, pois, servir para restaurar um edifício da Champanha ou da Borgonha. Essas diferenças de escola subsistem prolongadamente; são marcadas conforme uma lei que não é observada de modo regular. Assim, por exemplo, se a arte do século XIV da Normandia séquana se aproxima bastante daquela da Ile-de-France da mesma época, o renascimento normando, em contrapartida, difere essencialmente do renascimento de Paris e de seus arredores. Em algumas províncias meridionais, a arquitetura dita gótica não foi mais do que uma importação; dessa forma um edifício gótico de Clermont, por exemplo, pode ter saído de uma escola e, na mesma época, um edifício de Carcassone, de uma outra. O arquiteto encarregado de uma restauração deve, pois, conhecer exatamente não somente os tipos referentes a cada período da arte, mas também os estilos pertencentes a cada escola. Não é apenas durante a Idade Média que essas diferenças são observadas; o mesmo fenômeno aparece nos monumentos da Antiguidade Grega e Romana. Os monumentos romanos da época antonina que cobrem o sul da França diferem sob muitos aspectos dos monumentos de Roma da mesma época. O romano das costas orientais do Adriático não pode ser confundido com o romano da Itália central, da Província ou da Síria.

Mas para nos atermos aqui à Idade Média, as dificuldades se acumulam em presença da restauração. Em geral os monumentos ou partes de monumentos de uma certa época e de uma certa escola foram reparados diversas vezes, e isso por artistas que não pertenciam à província onde foi construído o edifício. Daí as dificuldades consideráveis. Em se tratando de restaurar as partes primitivas e as partes modificadas, deve-se não levar em conta as últimas e restabelecer a unidade de estilo alterada, ou reproduzir exatamente o todo com as modificações posteriores? É então que a adoção absoluta de um dos dois partidos pode oferecer perigos, e que é necessário, ao contrário, não se admitindo nenhum dos dois princípios de uma maneira absoluta, agir em razão das circunstâncias particulares. Quais são essas circunstâncias particulares? Não poderíamos indicar todas; será suficiente assinalar algumas entre as mais importantes, a fim de ressaltar o lado crítico do trabalho. Antes de mais nada, antes de ser arqueólogo, o arquiteto encarregado de uma restauração deve ser um construtor hábil e experimentado, não somente do ponto de vista geral, mas do ponto de vista particular; isto é, deve conhecer os procedimentos de construção admitidos nas diferentes épocas de nossa arte e nas diversas escolas. Esses procedimentos de construção têm um valor relativo e nem todos são igualmente bons. Alguns tiveram até mesmo de ser abandonados porque eram defeituosos. Assim, por exemplo, tal edifício construído no século XII, e que não tinha calhas sob o escoamento dos telhados, teve de ser restaurado no século XIII e munido de calhas com esgotamento combinado. Estando todo o coroamento em mau estado, é preciso refazê-lo por inteiro. Suprimir-se-ão as calhas do século XIII para restabelecer a antiga cornija do século XII, da qual se encontrariam, ademais, os elementos? Claro que não; deve-se restabelecer a cornija com calha do século XIII, conservando-lhe a forma dessa época, uma vez que não se poderia encontrar uma cornija com calha do século XII, e que estabelecer uma imaginária, com a pretensão de dar a ela o caráter da arquitetura daquela época, seria fazer um anacronismo de pedra. Outro exemplo: as abóbadas de uma nave do século XII, por consequência de um acidente qualquer, foram parcialmente destruídas e refeitas mais tarde, não com sua forma primeira, mas de acordo com o modo então admitido. Essas últimas abóbadas, por sua vez, ameaçam ruir; é preciso recontrui-las. É preciso restabelecê-las em sua forma posterior, ou restabelecer as abóbadas primitivas? Sim, pois não há nenhuma vantagem em se fazer de outro modo, e há que se considerar restituir ao edifício a sua unidade. Não se trata aqui, como no caso precedente, de conservar uma melhoria acrescentada a um sistema defeituoso, mas de considerar que a restauração posterior foi feita sem crítica, seguindo o método aplicado até nosso século, e que consistia, em toda reconstrução ou restauração de um edifício, em adotar as formas admitidas no tempo presente; nós procedemos segundo um princípio oposto, que consiste em restaurar cada edifício no estilo que lhe é próprio. Mas essas abóbadas, de caráter alheio às primeiras e que devem ser reconstruídas, são notavelmente belas. Possibilitaram a criação de janelas guarnecidas de belos vitrais, e foram combinadas de modo a se ordenar com todo um sistema de construção exterior de grande valor. Destruir-se-á tudo isso para se ter a satisfação de restabelecer a nave primitiva em sua pureza? Guardar-se-ão essas janelas em um depósito? Deixar-se-ão, sem razão de ser, os contrafortes e os arcobotantes exteriores que não teriam nada mais a sustentar? Não, claro. Vê-se, pois, que os princípios absolutos nessas matérias podem conduzir ao absurdo.

Trata-se de substituir partes[7] de pilares isolados de uma sala, os quais foram danificados sob a carga, pois os materiais empregados são frágeis demais e as fiadas delgadas demais. Em várias épocas, alguns desses pilares foram recuperados, e a eles foram dadas secções que não são de modo algum aquelas traçadas primitivamente. Deveremos, ao refazer esses pilares em estado novo, copiar essas secções alteradas e manter as alturas das fiadas antigas, que são frágeis demais? Não; reproduziremos para todos os pilares a secção primitiva, e os elevaremos em grandes blocos para prevenir o retorno dos acidentes que são a causa de nossa operação. Mas alguns desses pilares tiveram sua secção modificada em consequência de um projeto de mudança que se quis fazer no monumento; mudança que, do ponto de vista do progresso da arte, é de suma importância, assim como ocorreu, por exemplo, na Notre-Dame de Paris no século XIV. Ao substituir as suas partes, destruiremos esse traço tão interessante de um projeto que não foi inteiramente executado, mas que denota as tendências de uma escola? Não; nós os reproduziremos em sua forma modificada, pois essas modificações podem esclarecer um ponto da história da arte. Em um edifício do século XIII, cujo escoamento das águas se fazia por lacrimais, como

---

7. No original *reprendre en sous-oeuvre*, procedimento que consistia em reconstruir elementos deteriorados de uma coluna, pilar ou parede, sem intervir nas partes em bom estado. Para isso, as partes acima dos elementos a ser recuperados eram sustentadas e estabilizadas para se poder substituir as peças danificadas. (N. da T.)

na catedral de Chartres, por exemplo, achou-se que se devia, para melhor regular esse escoamento, acrescentar, durante o século XV, gárgulas aos canais. Essas gárgulas estão em mau estado, é necessário substituí-las. Colocaremos em seu lugar, sob o pretexto de unidade, gárgulas do século XIII? Não; pois destruiríamos assim os traços de uma disposição primitiva interessante. Insistiremos, ao contrário, na restauração posterior, mantendo seu estilo.

Entre os contrafortes de uma nave, foram acrescentadas, extemporaneamente, capelas. As paredes sob as janelas dessas capelas e os pés-direitos das aberturas não se unem de forma alguma com os contrafortes mais antigos e bem denotam que essas construções foram acrescentadas posteriormente. É necessário reconstruir os paramentos exteriores desses contrafortes que foram corroídos pelo tempo e as partes superiores das aberturas das capelas. Deveremos unir essas duas construções de épocas diferentes que, ao mesmo tempo, restauramos? Não; conservaremos cuidadosamente o aparelhamento distinto das duas partes, as descontinuidades, a fim de poder sempre reconhecer que as capelas foram acrescentadas posteriormente entre os contrafortes.

Do mesmo modo, nas partes escondidas dos edifícios, deveremos respeitar escrupulosamente todos os traços que podem servir para constatar as adjunções, as modificações das disposições primitivas.

Existem algumas catedrais na França, entre aquelas refeitas no fim do século XII, que não tinham transepto. É o caso, por exemplo, das catedrais de Sens, de Meaux, de Senlis. Nos séculos XIV e XV, foram acrescentados transeptos às naves, tomando-se dois de seus tramos[8]. Essas modificações foram feitas com maior ou menor habilidade; mas, para um olhar treinado, deixam subsistir traços das disposições primitivas. É em casos semelhantes que o restaurador deve ser escrupuloso ao excesso, e que deve, antes, fazer sobressair os traços dessas modificações, em vez de dissimulá-los.

Mas, se for o caso de refazer em estado novo porções do monumento das quais não resta traço algum, seja por necessidades de construção, seja para completar uma obra mutilada, então o arquiteto encarregado de uma restauração deve imbuir-se bem do estilo próprio ao monumento cuja restauração lhe é confiada. Tal pináculo do século XIII, copiado de um edifício da mesma época, formará uma mancha se o transportarmos para um outro. Tal perfil retirado de um edifício pequeno destoará se for aplicado a um grande. Além do mais, é um erro grosseiro crer que um membro da arquitetura da Idade Média pode ser aumentado ou diminuído impunemente. Nessa arquitetura, cada membro está na escala do monumento para o qual foi composto. Mudar essa escala é tornar esse membro disforme. E sobre esse assunto chamaremos a atenção que a maior parte dos monumentos góticos que são construídos novos hoje, reproduzem, em

---

8.´ No original *travée*, ou seja, elemento compreendido entre dois pontos de apoio principais de uma construção. Optou-se pela palavra tramo na tradução. (N. da T.)

geral, em uma outra escala, edifícios conhecidos. Uma igreja será a réplica em miniatura da catedral de Chartres, outra, da igreja Saint-Ouen de Rouen. É partir de um princípio oposto àquele que, com tanta razão, os mestres da Idade Média admitiam. Mas se esses defeitos são chocantes nos edifícios novos e tiram deles todo valor, eles são monstruosos quando se trata de restaurações. Cada monumento da Idade Média tem sua escala relativa ao conjunto, embora essa escala esteja sempre submetida à dimensão do homem. Deve-se portanto pensar duas vezes quando se trata de completar partes faltantes de um edifício da Idade Média e estar bastante imbuído da escala admitida pelo construtor primitivo.

Nas restaurações, há uma condição dominante que se deve ter sempre em mente. É a de substituir toda parte retirada somente por materiais melhores e por meios mais eficazes ou mais perfeitos. É necessário que o edifício restaurado tenha no futuro, em consequência da operação à qual foi submetido, uma fruição mais longa do que a já decorrida. Não se pode negar que todo trabalho de restauração é uma prova bastante dura para uma construção. Os andaimes, os esteios, aquilo que é necessário arrancar, as extrações parciais da alvenaria, causam na obra abalos que às vezes determinaram acidentes muito graves. É, pois, prudente considerar que toda construção abandonada perdeu certa parte de sua força, em consequência desses abalos, e que deveremos suprir essa diminuição de força pela potência das partes novas, por aperfeiçoamentos no sistema estrutural, por amarrações bastante conscienciosas, por resistências maiores. Inútil dizer que a escolha dos materiais influi em grande parte nos trabalhos de restauração. Muitos edifícios somente estão ameaçados de ruir pela fragilidade ou qualidade medíocre dos materiais empregados. Toda pedra a ser retirada deve, pois, ser substituída por uma pedra de qualidade superior. Todo sistema de grampos suprimido deve ser substituído por uma amarração contínua posta no lugar ocupado por esses grampos; pois não se poderiam modificar as condições de equilíbrio de um monumento que tem de seis a sete séculos de existência sem correr riscos. As construções, assim como os indivíduos, adquirem maneiras de ser com as quais se deve contar. Têm (ousando-se assim se exprimir) seu temperamento, que deve ser estudado e bem conhecido antes de se empreender um tratamento regular. A natureza dos materiais, a qualidade das argamassas, o solo, o sistema geral da estrutura por pontos de apoio verticais ou por uniões horizontais, o peso e a maior ou menor concreção das abóbadas, a maior ou menor elasticidade da alvenaria, constituem temperamentos diferentes. Em um edifício em que os pontos de apoio verticais estão bastante enrijecidos por colunas em contraleito[9], como na Borgonha, por exemplo, as construções se com-

---

9. No original *délit*, ou seja, quando a pedra é colocada de modo a que seus leitos naturais de assentamento estejam na vertical em vez de na horizontal. O termo contraleito em português aparece no dicionário de João Fernandes Valdez, *Nouveau Dictionnaire Français-Portugais*, Paris, Garnier, s.d. (N. da T.)

portarão de um modo totalmente diferente do que em um edifício da Normandia ou da Picardia, em que toda a estrutura é feita com pequenas fiadas na direção do veio natural. Os meios de recuperação, de escoramento que serão bem-sucedidos num caso, causarão acidentes no outro. Se é possível recuperar impunemente, por partes, um pilar composto inteiramente de pequenos assentamentos na direção dos veios naturais, esse mesmo trabalho executado em colunas assentadas em contraleito causará fraturas. Então é preciso preencher as juntas com argamassa com a ajuda de palhetas de ferro e de marteladas, para evitar qualquer depressão, por mínima que seja; é preciso até mesmo, em certos casos, retirar as colunas de fuste único[10] durante a recuperação das fiadas, para recolocá-las depois que todo o trabalho de substituição estiver terminado e tiver tido o tempo de se assentar.

Se o arquiteto encarregado da restauração de um edifício deve conhecer as formas, os estilos pertencentes a esse edifício e à escola da qual proveio, deve ainda mais, se for possível, conhecer sua estrutura, sua anatomia, seu temperamento, pois antes de tudo é necessário que ele o faça viver. É necessário que tenha penetrado em todas as partes dessa estrutura, como se ele mesmo a tivesse dirigido, e adquirido esse conhecimento, deve ter à sua disposição vários meios para empreen-

---

10. No original *monostyles*, pilar único (em oposição a pilar fasciculado) ou coluna com um só fuste. (N. da T.)

der um trabalho de recuperação. Se um desses meios vier a falhar, um segundo, um terceiro, devem estar totalmente prontos.

Não esqueçamos que os monumentos da Idade Média não são construídos como os monumentos da Antiguidade romana, cuja estrutura funciona por resistências passivas, opostas a forças ativas. Nas construções da Idade Média, todo membro atua. Se a abóbada gera um empuxo, o arcobotante ou o contraforte o sustentam. Se um saimel se achata, não basta escorá-lo verticalmente, é preciso sustentar as diversas forças que agem sobre ele no sentido inverso. Se um arco se deforma, não basta fazer um cimbre, pois ele serve para sustentar outros arcos que têm ação oblíqua. Se subtrairmos um peso qualquer de um pilar, esse peso terá uma ação de pressão que deverá ser suprida. Em uma palavra, não devemos sustentar forças inertes agindo somente no sentido vertical, mas forças que agem todas em sentido oposto, para estabelecer um equilíbrio; toda supressão de uma parte tende, pois, a perturbar esse equilíbrio. Se esses problemas colocados ao restaurador desencaminham e atrapalham a todo momento o construtor que não fez uma apreciação exata das condições de equilíbrio, eles se tornam, em compensação, um estímulo para aquele que conhece bem o edifício a reparar. É uma guerra, uma sequência de manobras que é preciso modificar todo dia através da observação constante dos efeitos que se podem produzir. Vimos, por exemplo, torres, campanários estabelecidos sobre quatro pontos de apoio, suportar as cargas, em consequência das substituições de elementos, tanto sobre um ponto, quanto sobre outro, e cujo eixo mudava seu ponto de projeção horizontal em alguns centímetros em vinte e quatro horas.

São esses os efeitos com os quais o arquiteto experiente se compraz, mas sob a condição de sempre ter meios, na proporção de dez para um, para prevenir um acidente; sob a condição de inspirar bastante confiança nos operários para que pânicos não possam retirar os meios de evitar qualquer incidente, sem demoras, sem hesitações, sem manifestar temores. O arquiteto, nesses casos difíceis que se apresentam com frequência durante as restaurações, deve ter previsto tudo, até os efeitos mais inesperados, e deve ter de reserva, sem pressa e sem inquietação, os meios de prevenir as consequências desastrosas. Digamos que nesse tipo de trabalho, os operários, que entre nós compreendem muito bem as manobras que a eles ordenamos, mostram mais confiança e dedicação quando experimentam a prevenção e o sangue-frio do chefe, e que eles mostram desconfiança quando percebem a aparência de uma perturbação nas ordens dadas.

Os trabalhos de restauração que, do ponto de vista sério, prático, pertencem a nosso tempo, os honrarão. Eles forçaram os arquitetos a estender seus conhecimentos, a pesquisar meios enérgicos, expeditos, seguros; a desenvolver relações mais diretas com os operários da construção, a instruí-los também, e a formar núcleos seja na província, seja em Paris, que fornecem, em suma, os melhores indivíduos, nos grandes canteiros.

Foi graças a esses trabalhos de restauração que indústrias importantes se reergueram[11], que a execução das alvenarias se tornou mais cuidada, que o emprego dos materiais se expandiu; pois os arquitetos encarregados de trabalhos de restauração, muitas vezes em cidades ou aldeias ignoradas, desprovidas de tudo, tiveram de pesquisar as pedreiras e, segundo as necessidades, reabrir antigas, formar ateliês. Longe de encontrar todos os recursos que os grandes centros fornecem, tiveram de criar, formar operários, estabelecer métodos regulares, seja como contabilidade, seja como modo de conduzir canteiros. Foi assim que materiais que se encontravam inexplorados foram postos em circulação; que métodos regulares se difundiram em departamentos que não os possuíam; que centros de operários que se tornaram capacitados forneceram indivíduos para uma região extensa; que o hábito de resolver dificuldades de construção se introduziu em meio a populações que sabiam apenas erigir as casas mais simples. A centralização administrativa francesa tem méritos e vantagens que não contestamos, ela cimentou a unidade política; mas não se

---

11. Foi nos canteiros de restauração que as indústrias da serralharia fina forjada, das fundições de chumbo trabalhado, da marcenaria, compreendida como uma estrutura própria, da vidraria artística, da pintura mural, se ergueram do estado de abatimento em que caíram no começo do século. Seria interessante fazer uma estimativa de todos os ateliês formados pelos trabalhos de restauração, e nos quais os mais ardentes detratores desse tipo de empreendimento vieram procurar operários e métodos. Compreender-se-á o motivo que nos impede de fornecer um dado dessa natureza.

deve dissimular seus inconvenientes. Para mencionar aqui apenas a arquitetura, a centralização não somente tirou as escolas das províncias, e com elas os procedimentos particulares, as indústrias locais, mas também os indivíduos capazes, que eram todos absorvidos por Paris ou por dois ou três grandes centros; de modo que nas capitais dos departamentos, há trinta anos, não se encontrava nem um arquiteto, nem um empreiteiro, nem um chefe de ateliê, nem um operário com capacidade de dirigir e de executar trabalhos de alguma importância. Basta, para se ter uma prova do que narramos aqui, "olhar rapidamente as igrejas, prefeituras, os mercados, hospitais etc., construídos de 1815 a 1835, e que permaneceram de pé nas cidades das províncias (pois muitos tiveram apenas uma duração efêmera). Os nove décimos desses edifícios (não falaremos de seu estilo) denotam uma ignorância dolorosa dos princípios mais elementares da construção. A centralização conduzia, no que se referia à arquitetura, à barbárie. O saber, as tradições, os métodos, a execução material, se retiravam pouco a pouco das extremidades. Se ainda, em Paris, uma escola direcionada a um fim útil e prático tivesse podido enviar aos membros afastados artistas capazes de ordenar construções, as escolas provinciais não se teriam perdido, mas se teria assim reenviado sobre a superfície do território homens que, como se vê no serviço viário, mantêm em um mesmo nível todas as construções empreendidas nos departamentos. A escola de arquitetura estabelecida em Paris, e estabelecida somente em

Paris, preocupava-se com coisa completamente diferente, formava laureados para a Academia de França em Roma, bons desenhistas, alimentados por quimeras, mas muito pouco apropriados para dirigir um canteiro na França do século XIX. Esses eleitos, retomados ao solo natal depois de um exílio de cinco anos, durante o qual haviam feito levantamentos de alguns monumentos da Antiguidade, não tendo tido jamais que se defrontar com as dificuldades práticas da profissão, preferiam ficar em Paris, esperando que lhes fosse confiada alguma obra digna de seu talento, ao trabalho cotidiano que a província lhes oferecia. Se alguns deles retomaram aos departamentos, foi somente para ocupar postos superiores em nossas maiores cidades. As localidades secundárias ficavam assim de fora de todos os progressos da arte, de todo saber, e se viram constrangidas a confiar a direção dos trabalhos municipais aos encarregados dos trabalhos de viação, aos agrimensores, ou a mestres-escolas um pouco geômetras. Por certo, os primeiros que pensaram em salvar da ruína os mais belos edifícios sobre nosso solo, legados pelo passado, e que organizaram o serviço dos monumentos históricos, agiram somente por inspiração de artistas. Ficaram horrorizados com a destruição que ameaçava todos esses remanescentes tão notáveis e com os atos de vandalismo realizados todo dia com a mais cega indiferença; mas eles não puderam prever de início os resultados consideráveis de sua obra, do ponto de vista puramente utilitário. No entanto, não tardaram a reconhecer que quanto mais os trabalhos que mandavam executar se encontrassem em localidades isoladas, mais a influência benéfica desses trabalhos se faria sentir e irradiar, por assim dizer. Após alguns anos, localidades onde não mais se exploravam belas pedreiras, onde não se encontrava nem um canteiro, nem um carpinteiro, nem um ferreiro capaz de fazer outra coisa a não ser ferraduras, forneciam a todos os distritos vizinhos excelentes operários, métodos econômicos e seguros, viram surgir bons empreiteiros, aparelhadores hábeis e viram inaugurar princípios de ordem e de regularidade na marcha administrativa dos trabalhos. Alguns desses canteiros de obras viram a maior parte de seus talhadores fornecer aparelhadores para um grande número de ateliês. Felizmente, se em nosso país a rotina por vezes reina mestra entre as sumidades, em compensação é fácil vencê-la na base, com persistência e cuidado. Nossos operários, por serem inteligentes, reconhecem apenas a força da inteligência. Tanto são negligentes e indiferentes em um canteiro em que o salário é a única recompensa e a disciplina o único meio de ação, quanto são ativos, cuidadosos, quando percebem uma direção metódica, segura em seu andamento, quando se tem o trabalho de lhes explicar a vantagem ou o inconveniente de tal método. O amor-próprio é o estimulante mais enérgico entre esses homens associados a um trabalho manual e, ao se dirigir à sua inteligência, à sua razão, pode-se tudo obter.

Do mesmo modo, com que interesse os arquitetos que estavam ligados a essa obra de restauração de nossos antigos monumentos seguiam de semana em semana o progresso desses operários que pouco a pouco tomavam gosto pela obra para a qual eles concorriam? Haveria de nossa parte ingratidão ao não se declarar nestas páginas os sentimentos de desapego, a dedicação que muito frequentemente manifestaram esses operários de nossos canteiros de restauração; a presteza com a qual nos ajudam a vencer dificuldades que pareciam intransponíveis, os próprios perigos que eles enfrentavam alegremente quando se apercebiam do objetivo a atingir. É surpreendente que essas qualidades que encontramos em nossos soldados existam entre nossos operários?

Os trabalhos de restauração empreendidos na França, de início sob a direção da Comissão dos Monumentos Históricos e mais tarde pelo serviço dos edifícios chamados *diocesanos*, não somente salvaram da ruína obras de incontestável valor, mas prestaram serviço imediato. O trabalho da Comissão combateu dessa forma, até certo ponto, os perigos da centralização administrativa em matéria de obras públicas; devolveu à província aquilo que a Escola de Belas-Artes não mais lhe podia dar. Em presença desses resultados, cuja importância estamos longe de exagerar, se alguns desses doutores, que pretendem reger a arte da arquitetura sem jamais ter mandado assentar um tijolo, decretam, do fundo de seus gabinetes, que esses artistas que passaram uma parte sua existência nesse labor perigoso, penoso, do qual, a maior parte do tempo, não se retira nem grande honra, nem proveito, não são arquitetos; se procuram condená-los a uma espécie de ostracismo e afastá-los dos trabalhos ao mesmo tempo mais honrosos e mais frutuosos, e sobretudo menos difíceis, seus manifestos e seus desdéns serão esquecidos muito prontamente, pois esses edifícios, uma das glórias de nosso país, preservados da ruína, ficarão ainda de pé durante séculos, para testemunhar a devoção de alguns homens mais dedicados a perpetuar essa glória do que seus interesses particulares.

Fizemos somente entrever de uma maneira geral as dificuldades que deve transpor o arquiteto encarregado de uma restauração e indicar, como dissemos no início, um programa de conjunto enunciado por espíritos críticos. Essas dificuldades, no entanto, não se restringem a fatos puramente materiais. Uma vez que todos os edifícios nos quais se empreende uma restauração têm uma destinação, são designados para uma função, não se pode negligenciar esse lado prático para se encerrar totalmente no papel de restaurador de antigas disposições fora de uso. Proveniente das mãos do arquiteto, o edifício não deve ser menos cômodo do que era antes da restauração. Com bastante frequência os arqueólogos especulativos não levam em conta essas necessidades e culpam veementemente o arquiteto de ter cedido às necessidades do presente, como se o monumento que lhe é confiado fosse seu, e como se ele não tivesse que cumprir os programas que lhe são dados.

Mas nessas circunstâncias, que se apresentam habitualmente, é que a sagacidade do arquiteto se deve exercer. Ele tem sempre as facilidades de conciliar seu papel de restaurador com o de artista encarregado de satisfazer as necessidades imprevistas. Ademais, o melhor meio para conservar um edifício é encontrar para ele uma destinação, é satisfazer tão bem todas as necessidades que exige essa destinação, que não haja modo de fazer modificações. É claro, por exemplo, que o arquiteto encarregado de fazer do belo refeitório de Saint-Martin des Champs uma biblioteca para a Escola de Artes e Ofícios deveria esforçar-se, sempre respeitando o edifício e mesmo restaurando-o, para organizar as estantes de maneira tal que não fosse necessário voltar atrás e alterar as disposições dessa sala.

Em circunstâncias semelhantes, o melhor a fazer é colocar-se no lugar do arquiteto primitivo e supor aquilo que ele faria se, voltando ao mundo, fossem a ele colocados os programas que nos são propostos. Mas compreende-se, então, que é preciso deter todos os recursos que possuíam esses mestres antigos, que é preciso proceder como eles mesmos procediam. Felizmente, essa arte da Idade Média, limitada por aqueles que não a conhecem a algumas fórmulas estreitas é, ao contrário, quando dela se está imbuído, tão flexível, tão sutil, tão aberta e liberal em seus meios de execução, que não há programa que ela não possa preencher. Baseia-se em princípios e não em um formulário; pode ser de todos os tempos e satisfazer todas as necessidades, assim como uma língua benfeita pode exprimir todas as ideias sem faltar à sua gramática. É pois essa gramática que é preciso possuir, e muito bem.

Conviremos que o chão é escorregadio se não nos ativermos à reprodução literal, que esses partidos somente devem ser adotados como última medida; mas deve-se convir também que são às vezes ditados pelas necessidades imperiosas às quais não seria admissível opor um *non possumus*. Que um arquiteto se recuse a fazer com que tubos de gás passem dentro de uma igreja a fim de evitar mutilações e acidentes é compreensível, pois é possível iluminar o edifício com outros meios; mas que ele não consinta na instalação de um calorífero, por exemplo, sob o pretexto de que a Idade Média não havia adotado esse sistema de aquecimento nos edifícios religiosos, que ele obrigue assim os fiéis a se resfriar por causa da arqueologia, isso cai no ridículo. Uma vez que esses meios de aquecimento exigem tubos de chaminés, ele deve proceder como teria feito um mestre da Idade Média se estivesse na obrigação de instalá-lo, e, sobretudo, não tentar dissimular esse novo membro, pois os mestres antigos, longe de dissimular uma necessidade, buscavam, ao contrário, revesti-la da forma que a ela conviesse, fazendo dessa própria necessidade material um motivo de decoração. Que tendo de refazer a cobertura de um edifício, o arquiteto rejeite a construção de ferro porque os mestres da Idade Média não fizeram armações de ferro é um erro, na nossa opinião, pois evitaria assim as terríveis possibilidades de incêndio que tantas vezes foram fatais a nossos monumentos antigos. Mas não deve ele levar em conta, então, a disposição dos pontos de apoio? Deve ele mudar as condições de equilíbrio? Se a tesoura de madeira a ser substituída carregava igualmente as paredes, não deveria ele buscar um sistema de estrutura de ferro que apresentasse essas mesmas vantagens? Certamente que deve, e ele cuidará, sobretudo, para que essa cobertura de ferro não pese mais do que pesava a cobertura de madeira. Eis aí um ponto capital. Tivemos demasiadas vezes que lamentar o fato de se ter sobrecarregado antigas construções; de se ter restaurado partes superiores de edifícios com materiais mais pesados do que aqueles que foram primitivamente empregados. Esses esquecimentos, essas negligências, causaram mais de um desastre. Não poderíamos repetir mais que os monumentos da Idade Média são sabiamente calculados, que seu *organismo* é delicado. Nada é em demasia em suas obras; nada é inútil; se mudarmos uma das condições desse organismo, modificaremos todas as outras. Muitos assinalam isso como um defeito; para nós é uma qualidade que negligenciamos um pouco além da conta em nossas construções modernas, das quais poderíamos retirar mais de um membro sem comprometer a sua existência. Para quê, com efeito, devem servir a ciência, o cálculo, senão para, em se tratando de construção, empregar na obra somente as forças estritamente necessárias? Por que essas colunas, se podemos retirá-las sem comprometer a solidez da obra? Por que essas paredes onerosas de dois metros de espessura, se paredes de cinquenta centímetros, reforçadas de tanto em tanto por contrafortes de um metro quadrado de secção, apresentam suficiente estabilidade? Na estrutura da Idade Média, toda porção da obra preenche uma função e possui uma ação. É para conhecer exatamente o valor de uma e de outra que o arquiteto se deve consagrar, antes de fazer qualquer coisa. Deve agir como o cirurgião habilidoso e experimentado, que somente intervém em um órgão após ter adquirido o conhecimento completo de sua função e depois de ter previsto as consequências imediatas ou futuras de sua operação. Se for aleatório, mais vale que se abstenha. Mais vale deixar morrer o doente do que o matar.

A fotografia, que a cada dia assume um papel mais sério nos estudos científicos, parece vir a propósito para ajudar nesse grande trabalho de restauração dos edifícios antigos, com os quais a Europa inteira hoje se preocupa.

Com efeito, quando os arquitetos tinham à sua disposição somente os meios comuns do desenho, mesmo os mais exatos, como a câmara clara, por exemplo, era-lhes bastante difícil não cometer algumas omissões, não negligenciar alguns traços pouco aparentes. Ademais, terminado o trabalho de restauração, podia-se sempre contestar a exatidão dos levantamentos gráficos daquilo a que se chama *estados atuais*. Mas a fotografia apresenta essa vantagem de fornecer relatórios irrefutáveis e documentos que podem ser consultados sem cessar, mesmo quando as restaurações mascaram os traços deixados pela ruína. A fotografia levou, naturalmente, os arquitetos a serem ainda mais escrupulosos no respeito pelos mínimos remanescentes de uma disposição antiga, a melhor se conscientizar da estrutura, e fornece-lhes um meio permanente de justificar suas operações. Nas restaurações não poderíamos jamais usar demasiadamente a fotografia, pois muitas vezes se descobre em uma prova aquilo que não se tinha percebido no próprio monumento.

Em se tratando de restauração, um princípio dominante do qual não se deve jamais, sob pretexto algum, se afastar, é o de levar em conta todos os traços indicando uma disposição. O arquiteto só deve ficar completamente satisfeito e colocar os operários para trabalhar depois de encontrar a combinação que melhor e mais simplesmente se adequar ao traço que ficou aparente; decidir sobre uma disposição *a priori* sem se cercar de todas as informações que devem comandá-la, é cair na hipótese, e nada é tão perigoso quanto a hipótese em trabalhos de restauração. Se tivermos a infelicidade de adotar em certo ponto uma disposição que se afasta da verdadeira, daquela seguida primitivamente, somos levados por uma sequência de deduções lógicas a uma via falsa da qual não será mais possível sair, e quanto melhor raciocinarmos nesse caso, mais nos afastaremos da verdade. É assim quando se trata, por exemplo, de completar um edifício em parte arruinado; é necessário, antes de começar, tudo buscar, tudo examinar, reunir os menores fragmentos tendo o cuidado de constatar o ponto onde foram descobertos, e somente iniciar a obra quando todos esses remanescentes tiverem encontrado logicamente sua destinação e seu lugar, como os pedaços de um jogo de paciência. Na ausência desses cuidados, pode-se cair nas mais deploráveis decepções, e tal fragmento que descobrimos, depois de uma restauração acabada, demonstra claramente que nos enganamos. Nesses fragmentos que recolhemos nas escavações, devem-se examinar os leitos de assentamento, as juntas, a talha[12]; pois tal cinzeladura foi feita somente para produzir um determinado efeito a uma determinada altura. Até a maneira pela qual esses fragmentos se comportaram ao cair é frequentemente uma indicação do local que eles ocupavam. O arquiteto, nesses casos arriscados de reconstrução de partes de edifícios demolidos, deve, pois, estar presente nas escavações e confiá-las a empreiteiros de terraplenagem conscientes. Ao reerguer as construções novas, ele deve, tanto quanto possível, recolocar os antigos fragmentos, mesmo que alterados: é uma garantia que oferece da sinceridade e da exatidão de suas pesquisas.

Dissemos o bastante para mostrar as dificuldades que encontra o arquiteto encarregado de uma restauração, se ele leva suas funções a sério, e se quer não apenas parecer sincero, mas acabar sua obra com a consciência de não ter deixado nada ao acaso e de nunca ter tentado enganar-se.

---

12. No original *taille*, que na frase tanto pode significar talha quanto dimensão. Devido ao contexto em que está inserida a palavra, optou-se por traduzi-la por talha, principalmente levando-se em consideração a frase seguinte, que se refere ao efeito da cinzeladura. (N. da T.)

Artes&Ofícios

Restauração
  Eugène Emmanuel Viollet-le-Duc

Memórias Biográficas de Pintores Extraordinários
  William Beckford

Os Restauradores
  Camillo Boito

Notícia Histórica da Vida e das Obras de José Haydn
  J. Le Breton

Teoria da Restauração
  Cesare Brandi

Goethe e Hackert: Sobre a Pintura de Paisagem.
Quadros da Natureza na Europa e no Brasil
  Claudia Valladão de Mattos (org.)

A Lâmpada da Memória
  John Ruskin

Catecismo da Preservação de Monumentos
  Max Dvořák

Gustavo Giovannoni – Textos Escolhidos
Beatriz Mugayar Kühl (org.)

*Cartas a Miranda: Sobre o Prejuízo que o
Deslocamento dos Monumentos da Arte
da Itália Ocasionaria às Artes e à Ciência*
Quatremère de Quincy

Título	Restauração
Autor	Eugène E. Viollet-le-Duc
Tradução	Beatriz Mugayar Kühl
Capa	Paula Astiz
Editoração Eletrônica	Aline Sato
	Amanda E. de Almeida
	Tomás Martins
Revisão de Texto	Renata Maria Parreira Cordeiro
Formato	12,5 x 20 cm
Tipologia	Bodoni Book
Papel	Chambril Avena 80 g/m² (miolo)
	Cartão Supremo 250 g/m² (capa)
Número de Páginas	80
Impressão e Acabamento	Graphium